SOAP

格子 ● 教你作甜點手工皂

SWEETS

BOOK

三倍精彩的創意

　　務實無創意的家庭主婦個性使然，自己對於手工皂的造型變化僅止於或長或圓或方。

　　2006年在網路書店看到格子的第一本皂書，以蛋糕形象製作手皂的創意吸引我立即買下，並詳細閱讀。之後雖然無意間在電視節目上看到格子親自示範，但就是少了點臨場感。

　　過沒太久，又買下格子的第二本蛋糕皂書，未能認識作者會遺憾的念頭於是萌生。

　　一直到2009年底面對面的機會才終於出現，見面時間雖短但相談甚歡，當下決定報名當個新手學員，參加格子老師的蛋糕皂課。

　　「足足過了三年才等到格子的第三本蛋糕皂書」，相信很多人都有同感！不過，累積更多人生與教學經驗值之後的作品一定不僅僅精彩，而是三倍精彩！！

（還是玩不來蛋糕皂的）花蓮姐於台北
2011年1月

格子創造出味覺、視覺和觸感的最高享受

　　從進入手工皂行列，一直在想如何將手工皂藝術化，2007年得知高雄文化局舉辦一場手工皂展覽，二話不說當天就搭高鐵南下參觀。一進會場就被格子老師美味可口的蛋糕皂所吸引，這就是我想要的手工皂另類藝術化。

　　蛋糕皂的展現增加了手工皂的價值和樂趣，而個人也沉迷於手工皂渲染，不同的是，前者將手工皂當作是一件雕塑品，而後者將手工皂當作是畫布，都讓手工皂不只是一件單純的清潔用品，而是一件藝術品，讓使用者在味覺、視覺和觸感上得到最高的享受與樂趣。

　　希望透過格子老師這本書的出版，讓大家對手工皂有新的認識，也期待這本書能讓更多人投入手工皂的行列，使我們的社會遠離化學的毒害，也讓我們生存的這片大地更自然、美好。

陳彥
2011年1月

自序

格子自小並不是生長在一個衣食無虞的環境裡。

依稀記得小時候最常吃的零食是軍公教通路裡一包十七元的蘇打餅乾。但平淡的蘇打餅乾，是不可能滿足孩子愛吃糖的口腹。

於是，櫃子裡頭的草莓果醬往往都是搭配蘇打餅乾最佳的夥伴……

那甜蜜的草莓果醬味道，到現在都還記憶猶新。

現在，當上丸豆娘的格子，瞧見丸子哥哥愛吃糖的模樣，都會不經意的回想起當年偷吃的草莓果醬般的甜蜜可口，有時真的覺得──如果可以，生活真想如此幸福下去。

自從學習手工皂以來，讓格子一家起了很大的化學變化。從自身的清潔到居家的整理，甚至看待世界的角度，無一不因為手工香皂而改變。然而蛋糕香皂，更是在生活裡產生莫大的樂趣。

瞧見兩歲的丸子弟弟在洗澡時對著杯子蛋糕唱生日快樂歌，對著草莓手工皂吹蠟燭，還好沒有當場一口咬下去（但是後來真的有發生誤吃馬卡龍香皂事件）。

看見九個月的豆子妹妹對著蛋糕皂流口水，洗澡的時候趴在小澡盆裡偷吃泡泡、認真的對著精油罐子瞪大眼睛、撐大鼻孔，努力聞著味道……瞧見兩個寶貝如此幸福的過生活，真的很開心。

蛋糕皂是格子學習手工皂以來，是最初也最投注熱情的一件事情。

對於把手工皂製作成山寨蛋糕這件事情，對於格子的意義不僅僅是製作皂如此單純，更具備了把創意、熱情具體化的一個過程紀錄。

透過公式的計算、油脂組合的配方設計……這些工作是需要理性的思考。但是，創意的發想、色彩的搭配及香氛的使用，這些過程中包含的不只是手作的滿足，更是一種難能可貴的「溫暖的傳遞」。透過植物色粉、礦泥色料的搭配，訴求節慶的氛圍，使用手工皂的皂邊來搓揉、製作許多精緻的小配件，最後加上香氛來完整傳達故事細節。用雙手當畫筆，皂液當染料盡情地調製出屬於自己生活的創作。

這本書裡記錄下格子在平日生活中，對於香皂點點滴滴的想法。依據季節、膚質設計出不同的配方組成，並且也按主題設定了不同的甜點香皂，請大家帶著愉快的心一起融入格子愉快的甜蜜沐浴世界。

來一片格子小鋪的蛋糕吧！只有甜，不會膩！

G's Life 居事‧生活　格子

攝影◎王小路

關於G's Life居事・生活

「 G's Life居事・生活」——在小白豬與格子尚未接觸手工皂之前,這個品牌概念就已經在心中成形。G取自小白豬先生Gerald、格子小姐Grace的第一個英文單字,加上我們對於生活的概念——喜愛自然、熱愛生活、衷於原味、簡單純淨,於是「G's Life 居事・生活」就此誕生。

2005年,因為逃避工作的壓力,於是開始製作手工皂。2010年,因為發現生命真的可貴也很短暫,對於生活、對於家庭、對於生命應該可以再度調整一個方向……工作只是生命的一小部分,未來是需要擁有更多的熱情來面對。

接觸手工皂之後,不只是清潔沐浴,連同居家整理也逐漸改變。不單單是自己有了改變,看待世界的角度也都不同。書籍的推廣能夠帶動學習的風潮,教學的傳遞能夠讓手工皂更普及,以簡單、乾淨的態度來對待土地,大地會回應更純淨的聲音。不僅僅只是手工皂,我們還希望能夠透過手工皂傳達更多、更多對於生活的想法。

這裡是格子小小的工作室,但它承載了許多、許多的夢想。希望土地可以更純淨、希望生活可以很簡單、希望幸福是隨手可得……

小小的希望在心中發芽,希望透過熱情的養分成就對於夢想的執著。

格子

春天的手工皂

殘雪在泥土地中漸漸的融為潤澤，綠芽在枝頭末梢悄悄的展露眉頭。
用新的能量喚醒沉睡的肌膚吧！經過嚴寒乾燥與冷空氣的侵襲，
乾燥的肌膚更需要水分來浸潤，適度的給予肌膚保水滋養，
讓您的臉龐恢復最佳的水潤狀態。

Spring

1

油·性·肌·膚·適·合·的
野莓慕斯 *30*

2

中·性·肌·膚·適·合·的
圈圈多拿滋 *34*

3

乾·性·肌·膚·適·合·的
方塊蛋糕 *38*

4

敏·感·肌·膚·適·合·的
泡芙蛋糕手工皂 *42*

夏天的手工皂

盛夏的艷陽,炙熱的暑氣……
讓人好想整個夏天都泡在冰淇淋游泳池啊!迎接嬌陽夏日,請您先替肌膚做好準備吧!
用質地清爽的油品,動手打造夏日沐浴的清新感受,
輕鬆享受無負擔,做個最美麗的比基尼美人兒。

Summer

秋天的手工皂

蕭瑟的落葉、遍地的楓紅，
邁入秋季，讓肌膚汰舊換新大掃除。
經過艷陽的洗禮，肌膚最需要重新調整回復健康的狀態，
就算面對嚴寒也要以水噹噹的肌膚來快樂迎接！

Autumn

冬天的手工皂

春天的風是圓的，輕輕柔柔地滑過鼻尖。
冬天的風是尖的，溜進門縫徘徊在窗邊。
冷颼颼的空氣，乾巴巴的嘴唇……
這時候最需要滋潤特快車全速前進，保養、潤澤一次到位。

製皂原理與配方計算

(1)計算配方―

先預設好此次製作香皂的分量，並且用紙筆寫下配方。
假設此次製作的油量：600（公克）

油脂的計算方式

油的總量×油脂的比例＝該油品的重量
橄欖油72%→600（公克）×0.72＝432（公克）
棕櫚油15%→600（公克）×0.15＝90（公克）
椰子油13%→600（公克）×0.13＝78（公克）

鹼量的計算方式

該油品的重量×該油品的皂化價＝該油品所需的鹼量

（油a的重量×皂化價a）＋（油b的重量×皂化價b）＋（油c的重量×皂化價c）＋…＝所需的鹼量

橄欖油→432（公克）×0.134＝57.888（公克）
棕櫚油→90（公克）×0.141＝12.69（公克）
椰子油→78（公克）×0.19＝14.82（公克）
鹼量加總→57.88＋12.69＋14.82＝85.39（公克）

水量的計算方式

(1)鹼量×2.6倍＝水量
(2)鹼量/0.3-鹼量＝水量
(3)總油量×0.33＝水量

計算：(1)85.39×2.6＝222.014→222公克
　　　(2)85.39／0.3-85.39＝199.243→199公克
　　　(3)600×0.33＝198→198公克
　　　亦即：水量從198公克至222公克皆可做參考值。

(2)INS值的計算

油a的重量／全部油量的公克重＝油a（占總油量）的百分比

（油a的百分比×油a的INS值）＋（油b的百分比×油b的INS值）＋（油c的百分比×油c的INS值）＋…＝配方的INS值

例如：橄欖油400公克／椰子油200公克／棕櫚油200公克／總油量800公克

　　　400／800＝0.5→橄欖油（占總油量）的百分比

　　　200／800＝0.25→椰子油（占總油量）的百分比

　　　200／800＝0.25→棕櫚油（占總油量）的百分比

　　　（0.5×109）＋（0.25×258）＋（0.25×145）＝155.3

(3)製作步驟

1.依據油脂配方將油脂放入不鏽鋼鍋內，隔水加熱至45℃以下。

2.使用耐高溫的容器（至少耐熱90℃）將純水倒入耐熱容器中，再加入氫氧化鈉，攪拌至氫氧化鈉完全溶化，並且降溫至45℃以下。

　註(1)：溶解過程會產生發熱情形，此為正常現象。

　註(2)：氫氧化鈉屬於強鹼，此步驟有危險性，請小心操作。

3.將步驟2的鹼液倒入步驟1中的油中，並不斷攪拌約40分鐘使兩者皂化反應，直到完全混合成美乃滋狀（即為皂液），即可進行下一個步驟。

　註：鹼液請少量、多次倒入油當中，細心攪拌。

4.在已充分攪拌的皂液中加入所喜愛的精油。

5.加入添加物（乾燥花草、礦泥等），再攪拌均勻。

6.將步驟5中混合均勻的皂液倒入模子中，置入保溫箱，妥善蓋好，並蓋上毛巾。

　註：此處的保溫工作可用保麗龍箱來完成。

7.待手工皂硬化後（約1至3日）即可取出，並放於通風處讓其自然乾燥，約四星期左右即可使用。

色彩搭配與色彩應用

色彩，是作品映入眼簾的第一個訊號。

關於蛋糕皂的製作，配色往往都是最令格子開心，也最令人頭疼的一個大問題。所以製作蛋糕皂之前，格子會花最多的時間在色彩的規劃上做考量。以下也跟讀者分享一點格子在色彩組合上的想法，以及針對色粉、色料的添加來做說明。

色彩搭配建議

彩度配色——色相的變化。

> **格子的技巧**

每款蛋糕皂的配色最好不要超過三個顏色，較能呈現整體的質感。

例如：
草莓蛋糕——主體為淡淡的粉紅石泥(手工皂基座)色彩，搭配綠色、白色的香皂，既簡單又能呈現主體的草莓蛋糕設計。

黑森林蛋糕——整體設計皆為可可粉色彩，搭配橘色小花，即能點綴出不同層次的設計。

明度配色——同一色相,不同濃淡的變化。

純白色的玫瑰花,搭配純白色的底座,既優雅又能顯現製作者細緻思維。

例如:婚禮皂的配色,以優雅、簡單、明快、舒服為宜。

互補色配色——色相表上對比的炎熱搭配,但須經過明度與彩度的調整。

例如:紅配綠、紫配黃是很強烈的對比顏色,在立體派大師的畫作上常出現。

格子的技巧

互補色配色多為色彩濃烈、對比強烈的搭配方式,常為節慶中適合使用的應用範圍,建議可利用互補色的配色技巧搭配明度、彩度的變化,讓作品質感的層次增加。

例如:聖誕節的配色(紅色配綠色,可用面積比例變化、明度變化來調配,達到調合的作用)。

入皂染料淺談

植物礦泥粉

　　植物礦泥粉是屬於純天然的植物性添加粉，通常都是使用低溫、冷凍乾燥之後再加以研磨萃取而成，保有花草植物的部分療效。用來入皂的顏色都較為沉悶，入皂之後顏色會比粉狀時還要深，但是熟成之後往往都會褪色，例如：低溫研磨艾草粉。而有些植物粉擁有美麗的顏色，但是入皂之後因為植物粉不耐鹼，所以會改變原本的顏色，比如芍藥粉。另有些礦泥粉入皂後顏色穩定高，且顏色豐富，是格子常用的選擇，例如粉紅石泥。一般來說，植物、礦泥粉入皂之後，顏色掌控度較低，但是完成之後的視覺效果往往較柔和，搭配得好，作品反倒能呈現不錯的質感。

　　格子慣用的植物粉：艾草粉、粉紅石泥、紅石泥、可可粉、玫瑰黏土粉。

　　右圖是以可可粉、粉紅石泥、低溫研磨艾草粉入皂的設計。

雲母色粉

　　屬於半天然染料，顏色亮麗，而且變化也很豐富，可以用來加入皂液、護唇膏、眼影中。變化可應需求調整、調色，調製出來的顏色準確度比較高，熟成之後手工皂也不會變色。

　　格子常用的雲母粉有：

　　雲母色粉——黃、橘、紅、藍、紫、綠——此六色可做調色用，需要淺色就酌量添加，需要顏色的飽合度高就酌量增加。

　　雲母粉——白、金——此兩色屬於純天然，通常入皂之後顏色變化不明顯（尤其是金色），建議作為點綴與裝飾使用，可達到事半功倍的效果。

以黃色雲母色粉入皂　以橘色雲母色粉入皂

以紫色雲母色粉入皂　以綠色雲母色粉入皂

皂用色粉

　　是屬於化學性染料，非天然的，入皂用量非常省，入皂之後的穩定性非常高，皂用色粉、螢光色粉，皆屬於此類的材料。顏色亮麗、色彩豐富，少量添加成效就很不錯。有些也能用來添加入保養品中。但在格子的作品裡頭在此部分的應用相當、相當的少。

雲母色粉

格子的叮嚀

　　千萬不要添加過多，否則搭配出來的效果不僅恐怖，製作出來的蛋糕皂一點也不可口。

奶油花的配方說明

格子建議初學蛋糕手工皂的朋友可以使用以下的配方來試試看：

油脂總重150公克	
橄欖油	75公克
椰子油	37公克
棕櫚油	37公克
蜜蠟	1公克
氫氧化鈉	22公克
純水	55公克

橄欖油50%、椰子油25%、棕櫚油25%的配方是格子家中常用的簡單手皂配方，可以製作出一款作法簡單、保濕度不錯、硬度和起泡度都高的手工皂。在台灣濕、熱、悶的氣候下，能夠讓多數的皮膚洗到秋季都還有不錯的洗感。格子的皮膚偏乾，也一直很適用這款簡單配方的手工皂。

在配方裡添加蜜蠟，是希望能讓初學者在擠奶油花手工皂時能後更簡單就能完成造型美麗的蛋糕手工皂，添加一點蜜蠟，線條會更俐落、有型。

通常格子會建議初學者可以這個配方練習幾回，熟悉擠花技巧後再更換成為自己的配方來製作即可。

製作奶油花手工皂時，請務必要有耐心，不要把氣泡打入皂液裡，尤其是使用電動攪拌工具輔助時，一定要特別注意，因為多餘的氣泡會降低皂液的精緻度，皂液無法呈現像奶油般細緻的光澤，製作出來的奶油花也就不美觀。用心是讓作品美麗呈現的最大關鍵喲！

奶油花的皂液變化

　　蛋糕手工皂的奶油花可以用來黏合、組裝及蛋糕裝飾的變化。根據皂液的稠度變化，再搭配奶油花嘴，可以做出千變萬化的組合喲！這是一個有趣又好玩的過程，請大家一起動手試試看！

　　以下針對皂液稠度的變化格子做了一個簡單的說明：

皂液入模的稠度

　　圖片中所呈現的皂液稠度是剛好可以入模的狀態，皂液的流動性已不像清澈的油那麼的高，用來入模剛剛好。

皂液稠度低

　　此稠度的皂液可以用來製作流動感高的奶油花，把皂液裝入奶油花嘴袋中，稍稍傾斜，讓皂液從手工皂底座上自然下滑，展現出誘人口感。

皂液稠度適中

　　此時皂液稠度是剛好的，用來製作奶油花手工皂可以製作出線條明確、美麗的作品。根據格子的經驗，在此狀態下的皂液可以操作的時間大約有四十分鐘，如果溫度再低一點，順利操作的時間會更長。你一定要趁著此段時間充分展現創意，就可以製作出美麗的蛋糕手工皂。

皂液稠度高

　　硬度過高的皂液往往是因為在製作過程添加了錯誤的精油或香精。因為添加了沒有把握的香精，會使皂液在極短時間內就硬掉，一整鍋皂液就像薯泥一般，幾乎攪動不了。在此格子要特別叮嚀，在加入未使用過的香精或精油之前一定要先測試一下，以免在製作過程中產生類似問題。硬度過高的皂液，格子通常會搭配冰淇淋挖勺來造型，簡單就能作出可口的冰淇淋手工皂。

奶油花的基礎練習

　　擠奶油花是一件很有趣的事情，請一起動手來試試看！練習時，請墊上一張透明的塑膠片，擠花過程若有失敗的部分，可將皂液刮回鍋中，重新回填奶油花袋中繼續練習。若練習完成，很美麗的奶油花也不要丟掉，放入保麗龍箱保溫，等待乾了之後一顆一顆剝下來，裝入保鮮盒，可以用來裝飾使用喔！

花嘴頭的裝法

1.將無伸縮性的透明塑膠袋剪一個洞，在塑膠袋裡放入塑膠轉接頭內盒。

2.在塑膠袋外面套上不鏽鋼奶油花嘴。

3.轉上塑膠轉接頭的外盒。

裝奶油花皂液的示範

1.觀察皂液的變化是否達到稠度、尖度，呈現流動性低、穩定性高的狀態。

・皂液沒有打入過多的氣泡，呈現奶油醬般的自然光澤。

・使用刮刀拉起來觀察，皂液不會低落、尖度高。

・刮刀拉起的皂液呈現半透明的色澤。

2.把皂液裝入花嘴袋中。

‧把塑膠袋拉到底，避免皂液黏在塑膠袋外層而影
　響工作心情。

‧裝入皂液時請避免裝入空氣進去，影響工作穩定
　度。

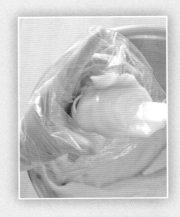

3.裝入後請觀察皂液流動性。

‧稠度適中的皂液不會流出花嘴。

‧用手輕輕按壓，奶油花會有花嘴的痕跡。

4.開始你的擠花練習吧！

擠奶油花皂液的基礎練習

🔍 點的練習

手的角度：90度

手的姿勢：垂直點下，輕輕拉起。

形狀觀察：側面觀察像顆精神抖擻的小籠湯包。

 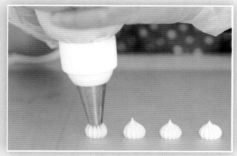

小的點練習完畢，也順勢大力一點，擠出大的點試試看！

大點、小點都練習完，請你練習圖案的擠法。

不只是心形，也繼續練習其他的圖案，練習到和奶油花嘴變成好朋友吧！

🔍 側拉的練習

手的角度：60度
手的姿勢：傾斜於桌面，把點的練習變成側邊的練習。
形狀觀察：側面觀察像一顆一顆沒有間斷的貝殼。

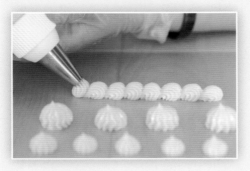

小的貝殼拉好，也練習大的貝殼拉法試試看！

🔍 圓圈的練習

手的角度：90度
手的姿勢：垂直擠出，繞圈穩定提起。
形狀觀察：垂直觀察，形狀、線條呈穩定的圓圈形狀。

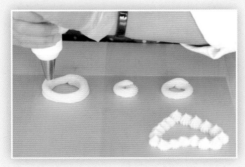

先從小的圓開始練習，手的穩定度高了再慢慢把圓放大試試看！

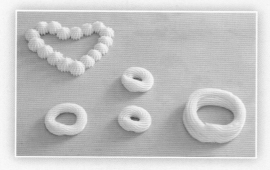

當大圓與小圓的練習穩定度都高了，請試試冰淇淋的擠法！

🔍 編織的練習

手的角度：直線條90度，橫線條60度。

手的姿勢：1.直線條—垂直擠出，由上而下穩定地擠出。

2.橫線條—從一側穩定地拉過至另一側。

形狀觀察：編織的形狀是否完整，交叉部分是否都沒有過於不規則的縫隙。

Spring

春天的手工皂

殘雪在泥土地中漸漸的融為潤澤，
綠芽在枝頭末梢悄悄的展露眉頭。
用新的能量喚醒沉睡的肌膚吧！
經過嚴寒乾燥與冷空氣的侵襲，乾燥的肌膚更需要水分來浸潤，
適度的給予肌膚保水滋養，讓您的臉龐恢復最佳的水潤狀態。

適合春天使用的油品

　　以下幾款油品是格子針對乾燥、敏感性肌膚所慣用與必備的油品，在春季單元的肌膚需求上，提供給大家參考。若針對特別乾燥需要強化保濕功能的肌膚，建議再多加一項蜂蜜來搭配，讓水潤感更加UP！

甜杏仁油 *Sweet Almond Oil*

　　由杏樹果實壓榨而來，富含礦物質、醣物和維生素及蛋白質，是一種質地輕柔，滲透性高的天然保濕劑，對面皰、富貴手與敏感性肌膚具有保護作用，不僅溫和又具有良好的親膚性，各種膚質都適用，能改善皮膚乾燥發癢現象，更可平衡內分泌系統的腦下垂腺、胸腺和腎上腺，促進細胞更新。質地清爽，滋潤皮膚與軟化膚質功效良好，適合做全身按摩。含有豐富營養素，可與任何植物油相互調和，是很好的混合油。很適合乾性、皺紋、粉刺、面皰及容易過敏發癢的敏感性肌膚，質地溫和連嬰兒肌膚都可使用。以甜杏仁油作出來的皂，泡沫持久且保濕效果非常好，建議用量占總油重的30%以下。保存期限短，需放在冰箱保存。

格子的分享

　　一般使用甜杏仁油時，通常在配方比例占總油重的5%左右就能感受到甜杏仁油細緻的洗感，泡沫的細緻程度有如乳霜般，通常格子會適度搭配酪梨油使用，製作寶寶專用皂。

荷荷芭油 *Jojoba Oil*

　　荷荷芭油萃取自荷荷芭果實，屬於一種以液體呈現的植物蠟，成分很類似人體皮膚的油脂，保濕性佳，且具有相當良好的滲透性與穩定性，能耐強光、高溫，是可以長期保存的基礎油。富含維生素D、蛋白質、礦物質，對維護皮膚水分、預防皺紋與軟化皮膚特別有效。含有抗發炎、抗氧化及維修皮膚，讓皮膚細胞正確運作的功能，適合油性肌膚與發炎的皮膚、面皰、濕疹。可幫助頭髮烏黑

柔軟和預防分叉，是最佳的頭髮用油，許多市售洗髮用品都會添加。可以滋潤並軟化髮膚，也可以調理油性髮質。荷荷巴油適合各種膚質使用，成品的泡沫穩定，常被用來製作洗髮皂，建議使用量占總油重的10%以下，適合作超脂，用量建議占總油重的5%至8%以下。

使用精製的荷荷芭油搭配精油調配成身體按摩油，非常容易被肌膚所吸收，且比起金黃荷荷芭油更沒有油味，是一款高級的貴婦SPA基底油喔！

山茶花油 *Camellia Oil*

是山茶花種子經冷壓而得，一般會拌炒後再榨，拌炒得越久榨出的油顏色較深，且香氣較濃，而未經久炒的種子所榨出的油顏色較淡，較無香氣，但營養成分較高。含有豐富蛋白質、維生素A、E等，其營養價值及對高溫的安定性均優於黃豆油，甚至可媲美橄欖油。具有高抗氧化物質，讓皮膚頭髮處於良好狀態，能讓肌膚自行調整且保濕、滲透性快，能使用於全身肌膚，因為它能在表皮上形成一層很薄的保護膜，保住皮膚水分，防護紫外線與空氣污濁對肌膚的損傷。山茶花油已經被中國大陸及日本的女性使用許多世紀了，作為預防肌膚過早出現皺紋的滋補用油，同時也是頭髮的滋補物。建議用量占總油重的72%以下；用來作超脂時，建議用量占總油重的5%至8%。

使用冷壓山茶花油配方比例72%來製作的手工皂（製作完成的熟成時間約半年左右），在熱水中的起泡度不錯，而且沒有72%橄欖油配方的黏膩感。洗完之後身體滑嫩不需要擦乳液，是一款豪華又精緻的香皂，建議乾燥肌膚的朋友可以試試。

1

油·性·肌·膚·適·合·的

野莓慕斯

圓圓俏俏花瓣葉，點點柔柔又甜甜，

小小娃兒愛撒嬌，搖搖擺擺滑一跤。

淡雅的粉紅就像是小娃兒的粉紅蕾絲小圍兜，

粉嫩的色彩映著軟嫩的臉龐。

輕輕咬上一口，

哇，So juicy。

配方 底座

油脂總重350公克

可製作80公克的底座6顆

甜杏仁油	52公克
蓖麻油	18公克
白油	35公克
橄欖油	105公克
椰子油	70公克
棕櫚油	70公克
氫氧化鈉	52公克
純水	115公克
粉紅石泥粉	5公克
喜愛的精油	

- 溶解過程會產生發熱情形，為正常現象。
- 氫氧化鈉屬於強鹼，此步驟有危險性，請小心操作。

- 留置鍋中的皂液仍需持續攪拌，避免過度皂化變成皂泥。

- 請將鹼液以少量、分多次的方式倒入油脂中，細心攪拌。

模型 圓形不鏽鋼慕斯模型

1 購於烘焙用品店。
2 使用前請在底部封上保鮮膜，並且綁上橡皮筋。
3 製作時置於木板上，方便入模之後移動。

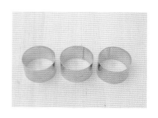

花嘴 扁口花嘴 圓齒花嘴

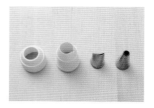

作法 底座

1 依油脂配方將油脂倒入不鏽鋼鍋內，隔水加熱至45℃以下。

2 使用耐高溫的容器（至少耐熱90℃），將純水倒入耐熱容器中，再加入氫氧化鈉，攪拌至氫氧化鈉完全溶化，並且降溫至45℃以下。

3 將步驟2的鹼液倒入步驟1的油脂中，並不斷攪拌約40分鐘使兩者皂化反應，直到完全混合成美乃滋狀，即完成皂液。

4 在已充分攪拌的皂液中加入喜愛的精油。

5 將2公克的粉紅石泥加入皂液中，攪拌均勻後入模。另留下約100公克的皂液加入3公克粉紅石泥，攪拌均勻。

6 靜待第一層淺色粉紅石泥稍凝結，倒入剩餘的皂液。

7 完全入模之後的手工皂請置入保麗龍箱中保溫，等待24小時之後降溫取出脫模。

配方 奶油花

油脂總重150公克

橄欖油	75公克
椰子油	37公克
棕櫚油	37公克
蜜蠟	1公克
氫氧化鈉	22公克
純水	55公克
可可粉	1公克
喜愛的精油	

作法 奶油花

1 依油脂配方將油脂倒入不鏽鋼鍋內，隔水加熱至45℃以下。

2 使用耐高溫的容器（至少耐熱90℃）將純水倒入耐熱容器中，再加入氫氧化鈉，攪拌至氫氧化鈉完全溶化，並且降溫至45℃以下。

3 將步驟2的鹼液倒入步驟1的油脂中，不斷攪拌約40分鐘使兩者皂化反應，直到溶液完全混合成美乃滋狀（即為皂液），即可進行下一個步驟。

✎ 請將鹼液以少量、分多次的方式倒入油脂中，細心攪拌。

4 在已充分攪拌的皂液中加入所喜愛的精油。

5 裝入奶油花袋中，像擠花瓣般裝飾上第一層花瓣。

6 完成六顆模型底座的奶油花瓣之後，拌入可可粉攪拌均勻，更換花嘴頭，擠上草莓花座。

7 完成花座放上草莓。

8 擠上水玉小點，完成裝飾後送入保麗龍箱中繼續保溫動作。

9 完成的草莓慕斯手工皂請擺放陰涼通風處，約4至6週之後可以使用。

> ✎剩餘的奶油花皂液不要丟棄，將它放入保麗龍箱中保溫，完成皂化。可以當作手工皂黏土搓揉製作其他的手工皂裝飾物。

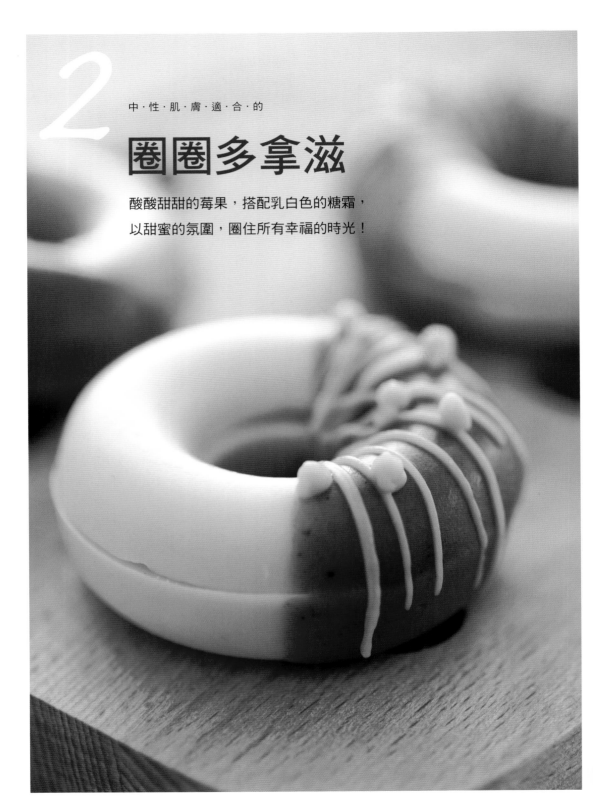

2

中·性·肌·膚·適·合·的

圈圈多拿滋

酸酸甜甜的莓果，搭配乳白色的糖霜，
以甜蜜的氛圍，圈住所有幸福的時光！

材料 底座

油脂總重350公克

可製作50公克底座10顆，
上下兩片為一顆

甜杏仁油	52公克
白油	35公克
橄欖油	123公克
椰子油	70公克
棕櫚油	70公克
氫氧化鈉	51公克
純水	123公克
喜愛的精油	
喜愛的礦泥粉	適量

- 溶解過程會產生發熱情形為正常現象。
- 氫氧化鈉屬於強鹼，此步驟有危險性，請小心操作。

- 請將鹼液以少量、分多次的方式倒入油脂中，細心攪拌。

模型 甜甜圈矽膠模型

1 購於烘焙用品店。
2 食品烘焙矽膠較軟，製作時置於木板上，方便入模之後移動。

花嘴 圓孔花嘴

作法 底座

1 依油脂配方將油脂倒入不鏽鋼鍋內，隔水加熱至45℃以下。

2 使用耐高溫的容器（至少耐熱90℃），將純水倒入耐熱容器中，再加入氫氧化鈉，攪拌至氫氧化鈉完全溶化，並且降溫至45℃以下。

3 將步驟2的鹼液倒入步驟1的油脂中，並不斷攪拌約40分鐘使兩者皂化反應，直到完全混合成美乃滋狀，即完成皂液。

4 在已充分攪拌的皂液中加入所喜愛的精油、礦泥粉，再次攪拌均勻，倒入甜甜圈矽膠模型。

5 完全入模之後的手工皂請置入保麗龍箱中保溫，等待24小時之後降溫取出脫模。

材料 奶油花

油脂總重150公克

橄欖油	75公克
椰子油	37公克
棕櫚油	37公克
蜜蠟	1公克
氫氧化鈉	22公克
純水	55公克
巧克力粉	6公克
紅石泥粉	2公克
喜愛的精油	

作法 底座

1 依油脂配方將油脂倒入不鏽鋼鍋內，隔水加熱至45℃以下。

2 使用耐高溫的容器（至少耐熱90℃），將純水倒入耐熱容器中，再加入氫氧化鈉，攪拌至氫氧化鈉完全溶化，並且降溫至45℃以下。

3 將步驟2的鹼液倒入步驟1的油脂中，並不斷攪拌約40分鐘使兩者皂化反應，直到溶液完全混合成美乃滋狀（即為皂液），即可進行下一個步驟。

> 🔩 請將鹼液以少量、分多次的方式倒入油脂中，細心攪拌。

4 在已充分攪拌的皂液中加入所喜愛的精油再次攪拌均勻。

5 將皂液分出約100公克拌入巧克力粉、紅石泥，攪拌均勻變成巧克力色。

6 先將分成兩半的甜甜圈手工皂使用已經皂化稠度高的皂液黏結，變成一個完整的甜甜圈模樣。

7 使用甜甜圈手工皂沾取巧克力皂液，放在鐵架盤上（依序完成所有的甜甜圈手工皂）。

8 將白色皂液體裝入奶油花嘴袋中，使用小圓花嘴擠出可愛的線條。

9 加點小圓點作裝飾，即完成可口的甜甜圈多拿滋手工皂。

平常完成的手工皂皂邊不要丟棄，也可以這樣作——

1 搓成小圓球，使用六顆組成一個可愛的波提甜甜圈，淋上巧克力皂液。

2 再次搓出更小的小皂球裝試，完成可口又可愛的波提甜甜圈啦！

乾·性·肌·膚·適·合·的

方塊蛋糕

嫩芽般的鵝黃，是從枝頭上出展露的新枝。

充滿新生，也充滿希望。

材料 底座

油脂總重600公克

可製作56公克底座16顆

甜杏仁油	60公克
乳油木果脂	60公克
橄欖油	300公克
椰子油	90公克
棕櫚油	90公克
氫氧化鈉	85公克
純水	190公克
雲母色粉（黃）	2公克
雲母色粉（橘）	1公克
喜愛的精油	

✎ 請將鹼液以少量、分多次的方式倒入油脂中，細心攪拌。

✎ 留置鍋中的皂液仍需持續攪拌，避免過度皂化變成皂泥。
✎ 白色皂液中可添加皂邊搓成的小手工皂球，增添視覺變化。

模型 長方形不鏽鋼慕斯模型

1 購於烘焙用品店。
2 使用前請在底部封上保鮮膜，並且綁上橡皮筋。
3 製作時置於木板上，方便入模之後移動。

花嘴 圓齒花嘴

作法 底座

1 依油脂配方將油脂倒入不鏽鋼鍋內，隔水加熱至45℃以下。

2 使用耐高溫的容器（至少耐熱90℃），將純水倒入耐熱容器中，再加入氫氧化鈉，攪拌至氫氧化鈉完全溶化，並且降溫至45℃以下。

> ✎ 溶解過程會產生發熱情形為正常現象。
> ✎ 氫氧化鈉屬於強鹼，此步驟有危險性，請小心操作。

3 將步驟2的鹼液倒入步驟1的油脂中，並不斷攪拌約40分鐘使兩者皂化反應，直到完全混合成美乃滋狀，即完成皂液。

4 在已充分攪拌的皂液中加入所喜愛的精油。

5 將皂液分鍋，倒出約400公克皂液加入黃色雲母色粉，並攪拌均勻。

6 將步驟5的皂液倒入模型中。

7 靜待第一層淺黃色皂液凝結，倒入白色的皂液約100克。

8 靜待第二層白色皂液凝結，將剩下的淺黃色皂液加入橘色雲母色粉倒入。

9 將完成的手工皂置入保麗龍中保溫，等待24小時之後脫模、切塊（切成16小塊）。

材料 奶油花

油脂總重150公克

橄欖油	75公克
椰子油	37公克
棕櫚油	37公克
蜜蠟	1公克
氫氧化鈉	22公克
純水	55公克
巧克力粉	1公克
喜愛的精油	

作法 奶油花

1 依油脂配方將油脂倒入不鏽鋼鍋內，隔水加熱至45℃以下。

2 使用耐高溫的容器（至少耐熱90℃）將純水倒入耐熱容器中，再加入氫氧化鈉，攪拌至氫氧化鈉完全溶化，並且降溫至45℃以下。

3 將步驟2的鹼液倒入步驟1的油脂中，並不斷攪拌約40分鐘使兩者皂化反應，直到溶液完全混合成美乃滋狀（即為皂液），即可進行下一個步驟。

　　🥄請將鹼液以少量、分多次的方式倒入油脂中，細心攪拌。

4 在已充分攪拌的皂液中加入所喜愛的精油。

5 將已皂化稠度中等的皂液裝入奶油花袋中，開始裝飾手工皂吧！

6 在擠好的奶油花皂液上妝點色彩,最後大功告
　成,記得一樣要送入保麗龍箱中保溫。

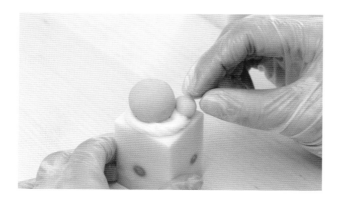

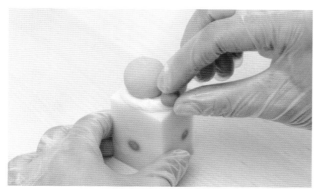

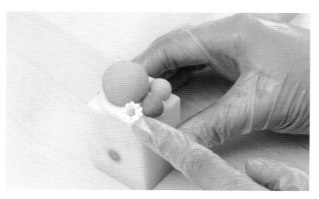

以不鏽鋼長條慕斯
模型作出來的手工
皂,可以有很多種
變化切法,也可以
這樣切:

1	2	3	4	5	6	7	8

敏·感·肌·膚·適·合·的

泡芙蛋糕手工皂

圓圓的，圓圓的，繞圈圈。
繞起春天的氣息，也繞起甜蜜的氛圍。

材料 底座

油脂總重350公克

可製作50公克底座10組，
上下兩片為1組

甜杏仁油	52公克
乳油木果脂	53公克
橄欖油	123公克
棕櫚核仁油	52公克
棕櫚油	70公克
氫氧化鈉	49公克
純水	110公克
雲母色粉（紫）	1公克
喜愛的精油	

✐請將鹼液以少量、分多次的方式倒入油脂中，細心攪拌。

花嘴 圓孔花嘴

作法 底座

1 依油脂配方將油脂倒入不鏽鋼鍋內，隔水加熱至45℃以下。

2 使用耐高溫的容器（至少耐熱90℃），將純水倒入耐熱容器中，再加入氫氧化鈉，攪拌至氫氧化鈉完全溶化，並且降溫至45℃以下。

> ✐溶解過程會產生會產生發熱情形，為正常現象。
>
> ✐氫氧化鈉屬於強鹼，此步驟有危險性，請小心操作。

3 將步驟2的鹼液倒入步驟1的油脂中，並不斷攪拌約40分鐘使兩者皂化反應，直到完全混合成美乃滋狀（即為皂液），即可進行下一個步驟。

4 在已充分攪拌的皂液中加入所喜愛的精油，再次攪拌均勻。

5 等待皂液在刮刀上已經呈現尖狀的稠度時，將皂液裝入大圓孔奶油花袋中。

6 擠出長條圈圈狀的皂條，完成之後送入保麗龍箱保溫24小時。

材料 奶油花

油脂總重150公克

橄欖油	75公克
椰子油	37公克
棕櫚油	37公克
蜜蠟	1公克
氫氧化鈉	22公克
純水	55公克
喜愛的精油	

 作法 奶油花

1 依油脂配方將油脂倒入不鏽鋼鍋內，隔水加熱至45℃以下。

2 使用耐高溫的容器（至少耐熱90℃），將純水倒入耐熱容器中，再加入氫氧化鈉，攪拌至氫氧化鈉完全溶化，並且降溫至45℃以下。

3 將步驟2的鹼液倒入步驟1的油脂中，並不斷攪拌約40分鐘使兩者皂化反應，直到完全混合成美乃滋狀（即為皂液），即可進行下一個步驟。

> 🥄 請將鹼液以少量、分多次的方式倒入油脂中，細心攪拌。

4 在已充分攪拌的皂液中加入所喜愛的精油。

5 將已皂化稠度中等的皂液裝入奶油花袋中，開始裝飾吧！

6 先使用圓孔花嘴擠出皂液，黏結兩片紫色底座。

7 更換小圓花嘴孔，裝飾泡芙手工皂的外層，妝點小花朵手工皂，完成手工皂裝飾後繼續完成保溫動作。

Summer
夏天的手工皂

盛夏的艷陽，炙熱的暑氣……
讓人好想整個夏天都泡在冰淇淋游泳池啊！
迎接嬌陽夏日，請您先替肌膚做好準備吧！
用質地清爽的油品，動手打造夏日沐浴的清新感受，
輕鬆享受無負擔，做個最美麗的比基尼美人兒。

適合夏天使用的油品

芝麻油 *Sesame Seed Oil*

芝麻油本身含有優良的保濕效果，有使皮膚再生、預防紫外線的功能。但有獨特的味道，如果你不喜歡這種味道，可以使用冷壓的芝麻油。作成皂後，屬於洗感清爽的皂，適合夏天用或油性肌膚、面皰使用。它含有強力的抗氧化物質（芝麻素、芝麻酚林、芝麻酚等），因此雖然亞油酸比例多，氧化安定性極佳。起泡性不錯，建議使用量占總油重的50%以下。

格子的分享

一般很多人都會添加麻油（炒過的）來製作紫雲膏，但格子非常不喜歡那樣的味道留在身體上，所以格子是用冷壓的芝麻油，適度添加後製成油性肌膚的皂，或用來製作保養品，清爽易吸收，對肌膚來說是不錯的選擇。

米糠油 *Rice Bran Oil*

米糠油是由糙米外表的一層米糠所製造出來的，含有豐富的維他命E、蛋白質、維生素等物質，與小麥胚芽油很類似，但比較輕質。它的分子較小，較容易滲透到皮膚中，能供給肌膚水分及營養，還有美白、抑制肌膚細胞老化的功能。建議使用量占總油重的20%以下。

格子的分享

現在這支油品是格子必備的油性肌膚用油。相較於葵花油，米糠油價格略高一點，但油質穩定，製作出來的皂不容易氧化，而且保濕又溫和，是比較安全的選擇。

蓖麻油 *Castor Oil*

蓖麻油是得自Ricinus Communis的種籽，具黏稠性，通常為無色或淺黃色油，有緩和及潤滑皮膚的功能，特有的蓖麻酸醇對髮膚有特別的柔軟作用，能製造清爽、泡沫多且有透明感的皂，還很容易溶解於其他油脂中，但不建議超脂或高比例使用，會使皂容易軟爛且不易脫模，建議使用量占總油重的15%以下。

格子的分享

以蓖麻油所製作出來的皂，泡沫大又持久，通常格子會建議使用量占總油重的5%左右來搭配，讓夏日清爽配方的皂在洗澡水溫度略低的情況下也能有不錯的起泡效果。

1

甜筒冰淇淋

盛夏的艷陽，被熱情包圍……
可口又甜蜜的ICE CREAM快要被溶化啦！
快舔一口墜落下來的甜蜜，
好香、好甜……不會膩！

材料 底座

油脂總重350公克

可製作80公克底座6顆

米糠油	157公克
棕櫚油	70公克
椰子油	70公克
荷荷巴油	18公克
白油	35公克
氫氧化鈉	49公克
純水	120公克
可可粉	8公克
紅石泥粉	2公克
喜愛的精油	

模型 甜筒冰淇淋矽膠模型

1 購於手工皂矽膠模型專門店。

2 製作時置於木板上，方便入模之後移動。

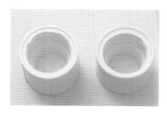

花嘴 圓齒花嘴

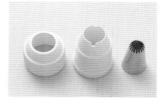

作法 底座

1 依油脂配方將油脂放入不鏽鋼鍋內，隔水加熱至45℃以下。

2 使用耐高溫的容器（至少耐熱90℃），將純水倒入耐熱容器中，再加入氫氧化鈉，攪拌至氫氧化鈉完全溶化，並且降溫至45℃以下。

> 溶解過程會有發熱情形，為正常現象。
>
> 氫氧化鈉屬於強鹼，此步驟有危險性，請小心操作。

3 將步驟2的鹼液倒入步驟1的油脂中，並不斷攪拌約40分鐘使兩者皂化反應，直到完全混合成美乃滋狀（即為皂液），即可進行下一個步驟。

> 請將鹼液以少量、分多次的方式倒入油脂中，細心攪拌。

4 在已充分攪拌的皂液中加入喜愛的精油及可可粉、紅石泥粉攪拌均勻，入模。

5 完全入模後請置入保麗龍箱中保溫，等待24小時，降溫後即可取出脫膜。

材料 奶油花

油脂總重150公克

橄欖油	75公克
椰子油	37公克
棕櫚油	37公克
蜜蠟	1公克
氫氧化鈉	22公克
純水	55公克
喜愛的精油	

作法 擠花

1 依油脂配方將油脂倒入不鏽鋼鍋內，隔水加熱至45℃以下。

2 使用耐高溫的容器（至少耐熱90℃），將純水倒入耐熱容器中，再加入氫氧化鈉，攪拌至氫氧化鈉完全溶化，並且降溫至45℃以下。

3 將步驟2的鹼液倒入步驟1的油脂中，並不斷攪拌約40分鐘使兩者皂化反應，直到完全混合成美乃滋狀（即為皂液），即可進行下一個步驟。

> ✎ 請將鹼液以少量、分多次的方式倒入油脂中，細心攪拌。

4 在已充分攪拌的皂液中加入喜愛的精油。

5 裝入奶油花袋中，先在冰淇淋底座擠上一顆奶油花。

6 沿著奶油花的邊緣擠上一圈，順著圓圈縮小範圍擠到最上頭，形成一個小山狀。

7 在最外圈使用同樣的方法擠上奶油。請要有耐心，而且施力要平均，完成外圈的擠花。

8 最後加上裝飾就完成了。

2

中·性·肌·膚·適·合·的

冰淇淋聖代

用鮮奶油點綴沁涼的冰淇淋，
用新鮮莓果提升鮮嫩的口感！
啊！這是充滿夏季的豐收，
是這個季節裡的小確幸！

材料 底座

油脂總重350公克
可製作70公克底座7顆

米糠油	156公克
棕櫚油	70公克
椰子油	53公克
荷荷巴油	18公克
甜杏仁油	18公克
白油	35公克
氫氧化鈉	48公克
純水	120公克
可可粉	8公克
紅石泥粉	2公克
喜愛的精油	

模型 冰淇淋聖代底座模型

1 購於手工皂矽膠模型專門店。
2 製作時置於木板上，方便入模之後移動。

花嘴 圓孔花嘴

作法 底座

1 依油脂配方將油脂倒入不鏽鋼鍋內，隔水加熱至45℃以下。

2 使用耐高溫的容器（至少耐熱90℃），將純水倒入耐熱容器中，再加入氫氧化鈉，攪拌至氫氧化鈉完全溶化，並且降溫至45℃以下。

> ✎ 溶解過程會有發熱情形，為正常現象。
> ✎ 氫氧化鈉屬於強鹼，此步驟有危險性，請小心操作。

3 將步驟2的鹼液倒入步驟1的油脂中，並不斷攪拌約40分鐘使兩者皂化反應，直到完全混合成美乃滋狀（即為皂液），即可進行下一個步驟。

> ✎ 請將鹼液以少量、分多次的方式倒入油脂中，細心攪拌。

4 在已充分攪拌的皂液中加入喜愛的精油及可可粉、紅石泥粉攪拌均勻、入模。

5 完全入模後請置入保麗龍箱中保溫，等待24小時，降溫後即可取出脫膜。

材料 香皂黏土

油脂總重200公克

橄欖油	50公克
椰子油	50公克
棕櫚油	50公克
米糠油	50公克
氫氧化鈉	29公克
純水	75公克
喜愛的精油	

作法 冰淇淋聖代

1 依油脂配方將油脂倒入不鏽鋼鍋內，隔水加熱至45℃以下。

2 使用耐高溫的容器（至少耐熱90℃），將純水倒入耐熱容器中，再加入氫氧化鈉，攪拌至氫氧化鈉完全溶化，並且降溫至45℃以下。

3 將步驟2的鹼液倒入步驟1的油脂中，並不斷攪拌約40分鐘使兩者皂化反應，直到完全混合成美乃滋狀（即為皂液），即可進行下一個步驟。

> ✎ 請將鹼液以少量、分多次的方式倒入油脂中，細心攪拌。

4 在已充分攪拌的皂液中加入喜愛的精油。

5 將皂液倒入一般方形模型當中，放入保溫箱保溫。

6 隔天將皂脫模，並切成小塊，製成容易搓揉的皂黏土。

7 將搓揉成形的皂黏土搓成雙色（右圖為加入不同比例可可粉的皂黏土）。

8 隨意揉製皂黏土。

9 將皂黏土塞入冰淇淋挖勺中整型。

10 壓出完整的冰淇淋皂。

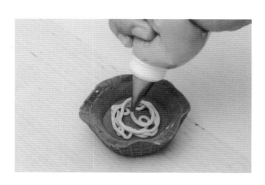

11 以皂液當作黏著劑固定住冰淇淋
皂,搭配裝飾即完成。

3

乾・性・肌・膚・適・合・的

草莓花禮

戀愛般的酸甜滋味，通通被藏進了這一束草莓裡。
讓這束草莓花禮代替玫瑰，表達您的心意吧！

材料 底座

油脂總重300公克

可製作55公克草莓8顆

米糠油	120公克
棕櫚油	60公克
椰子油	45公克
荷荷巴油	15公克
甜杏仁油	30公克
橄欖油	30公克
氫氧化鈉	41公克
純水	100公克

此部分添加物可隨性使用

✐ 溶解過程會有發熱情形，為正常現象。

✐ 氫氧化鈉屬於強鹼，此步驟有危險性，請小心操作。

✐ 請將鹼液以少量、分多次的方式倒入油脂中，細心攪拌。

模型 草莓矽膠模型

1 購於手工皂矽膠模型專門店。

2 製作時置於木板，方便入模之後移動。

花嘴 圓孔花嘴

作法 底座

1 依油脂配方將油脂倒入不鏽鋼鍋內，隔水加熱至45℃以下。

2 使用耐高溫的容器（至少耐熱90℃），將純水倒入耐熱容器中，再加入氫氧化鈉，攪拌至氫氧化鈉完全溶化，並降溫至45℃以下。

3 將步驟2的鹼液倒入步驟1的油脂中，並不斷攪拌約40分鐘使兩者皂化反應，直到完全混合成美乃滋狀即為皂液，即可進行下一個步驟。

4 在已充分攪拌的皂液中加入喜愛的精油及添加粉攪拌均勻、入模。

5 完全入模後請置入保麗龍箱中保溫，等待24小時，至降溫即可取出脫膜。

材料　奶油花

油脂總重150公克

橄欖油	75公克
椰子油	37公克
棕櫚油	37公克
蜜蠟	1公克
氫氧化鈉	22公克
純水	55公克
喜愛的精油	

作法　擠花

1　依油脂配方將油脂倒入不鏽鋼鍋內，隔水加熱至45℃以下。

2　使用耐高溫的容器（至少耐熱90℃），將純水倒入耐熱容器中，再加入氫氧化鈉，攪拌至氫氧化鈉完全溶化，並且降溫至45℃以下。

3　將步驟2的鹼液倒入步驟1的油脂中，並不斷攪拌約40分鐘使兩者皂化反應，直到完全混合成美乃滋狀即為皂液，即可進行下一個步驟。

> ✏ 請將鹼液以少量、分多次的方式倒入油脂中，細心攪拌。

4　在已充分攪拌的皂液中加入喜愛的精油。

5　裝入奶油花袋中，隨意的在草莓皂上擠花、裝飾吧！

4

棒棒糖皂

一圈又一圈,用甜蜜來圍繞,
是記憶裡最幸福的那個味道。

材料 底座

油脂總重350公克

可製作50公克底座10組，
上下兩片為一組

米糠油	140公克
棕櫚油	70公克
棕櫚核仁油	52公克
荷荷巴油	18公克
甜杏仁油	35公克
橄欖油	35公克
氫氧化鈉	47公克
純水	115公克
粉紅石泥粉	1公克
喜愛的精油	

模型 棒棒糖矽膠模型

1 購於手工皂矽膠模型
   專門店。
2 製作時置於木板上，
   方便入模之後移動。

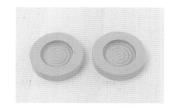

花嘴 圓孔花嘴

作法 底座

1 依油脂配方將油脂倒入不鏽鋼鍋內，隔水加熱至
   45℃以下。

2 使用耐高溫的容器（至少耐熱90℃），將純水倒
   入耐熱容器中，再加入氫氧化鈉，攪拌至氫氧化
   鈉完全溶化，並且降溫至45℃以下。

3 將步驟2的鹼液倒入步驟1的油脂中，並不斷攪拌
   約40分鐘使兩者皂化反應，直到完全混合成美乃
   滋狀（即為皂液），即可進行下一個步驟。

   > 請將鹼液以少量、分多次的方式倒入油脂中，細心
   > 攪拌。

4 在已充分攪拌的皂液中加入喜愛的精油。

5 將皂液分成兩鍋，一鍋加入粉紅石泥並攪拌均勻
   （約1/4鍋），一鍋則保持白色。

6 將粉紅色的皂液加入奶油花袋中，分層擠入棒棒糖皂。

7 剩餘的白色皂液填滿模型。

8 送入保溫箱中保溫24小時。

9 脫模之後，在下次作皂時使用皂液將兩片棒棒糖皂黏合即完成。

您也可以這樣作——

 材料 香皂黏土

油脂總重200公克

橄欖油	50公克
椰子油	50公克
棕櫚油	50公克
米糠油	50公克
氫氧化鈉	29公克
純水	75公克
可可粉	1公克
紅石泥粉	3公克
喜愛的精油	

作法 棒棒糖皂

1 依油脂配方將油脂倒入不鏽鋼鍋內，隔水加熱至45℃以下。

2 使用耐高溫的容器（至少耐熱90℃），將純水倒入耐熱容器中，再加入氫氧化鈉，攪拌至氫氧化鈉完全溶化，並且降溫至45℃以下。

3 將步驟2的鹼液倒入步驟1的油脂中，並不斷攪拌約40分鐘使兩者皂化反應，直到完全混合成美乃滋狀（即為皂液），即可進行下一個步驟。

> 請將鹼液以少量、分多次的方式倒入油脂中，細心攪拌。

4 在已充分攪拌的皂液中加入喜愛的精油。

5 將皂液分成兩鍋，一鍋加入可可粉均勻攪拌入模（一般方形模型），放入保溫箱保溫。

6 另一鍋加入紅石泥粉均勻攪拌入模（一般方形模型），放入保溫箱保溫。

7 隔天將皂脫模，切成小塊，製成容易搓揉的皂黏土。

8 將兩色皂黏土搓揉成長條狀。一條放的比較突出，另一色長條黏土則後退。

9 雙色交錯，把黏土捲起來。

10 加入木頭冰棒棍，套入透明的塑膠袋，甜蜜的棒棒糖皂就出現囉！

Autumn
秋天的手工皂

蕭瑟的落葉、遍地的楓紅，
邁入秋季，讓肌膚汰舊換新大掃除。
經過艷陽的洗禮，肌膚最需要重新調整回復健康的狀態，
就算面對嚴寒也要以水噹噹的肌膚來快樂迎接！

適合秋天使用的油品

酪梨油 *Avocado Oil*

可分為未精製與精製兩種。未精製的酪梨油呈深棕綠色，綠色來自天然的葉綠素，有一股藥草的特殊氣息。精製的酪梨油經過脫色脫臭處理，呈現黃色至金黃色。油品含有非常豐富的維他命A、D、E、卵磷脂、鉀、蛋白質與脂酸。油質沉重，能深層穿透肌膚，容易讓皮膚吸收。適用於乾燥缺水，日照受損或成熟肌膚，並且對濕疹、牛皮癬有很好的效果。營養度極高，亦可用於清潔，其深層清潔效果佳，能促進新陳代謝、淡化黑斑、預防皺紋產生。酪梨油是製作手工皂的高級素材，做出來的皂很滋潤，有軟化及治癒皮膚的功能，能製造出對皮膚非常溫和的手工皂，很適合嬰兒及過敏性皮膚的人使用。建議使用量占總油重的72%以下。

格子的分享

未精製的酪梨油呈深棕綠色，有著一股獨特的藥草味道。坦白說製造手工皂至今，格子還沒能喜歡上這股特殊的氣味。不過用未精製的酪梨油來製作洗臉手工皂，倒是有不錯的洗感，卸妝效果也不賴！

紅棕櫚果油 *Palm Fruit Oil*

紅棕櫚果油是未經脫色、精製的一種油，擁有豐富的天然胡蘿蔔素和維生素E，有助修復傷口的作用。對於受傷的肌膚、油性的痘痘肌膚和粗糙的肌膚都有不錯的效果。製作出來的手工皂會呈現漂亮的橘子色，但缺點是因為純天然的色彩，所以製作出來的手工皂若是在光線充足的地方則褪色速度很快。

格子的分享

使用20%左右的紅棕櫚果油配方搭配紅蘿蔔汁來製作充滿陽光色彩的

手工皂……總讓人有充滿陽光的感覺。使用在秋天的手工皂上好像把盛夏的艷陽全收入皂中，但卻能讓肌膚越洗越健康，是格子愛用的一個搭配組合。

夏威夷堅果油 *Macadamia Nut Oil*

成分中的棕櫚油酸含量高，對老化肌膚有益，而且清爽，保濕效果絕佳，容易被肌膚吸收。它和荷荷芭油一樣，成分非常類似皮膚的油脂，可代替或搭配橄欖油使用。建議使用量占總油重的72%以下。

格子的分享

以夏威夷堅果油製作的手工皂，配方使用20%左右，就能感受出比橄欖油手工皂更清爽不黏膩的洗感，對肌膚的飽水度及舒適都不降低。另外，在溫水下的起泡度也比橄欖油配方的手工皂更好，若洗橄欖油配方手工皂有問題的朋友建議可以試試看這款油品。

榛果油 *Hazelnut Oil*

棕櫚油酸含量高，對老化肌膚有益，油質穩定性高，而且清爽，優異持久的保濕力，使榛果油成為植物油脂中的佼佼者，可代替或搭配橄欖油使用。建議使用量占總油重的72%以下，但保存期限短，需放入冰箱保存較不易變質。

格子的分享

格子最愛用榛果油手工皂來製作洗臉專用皂，洗完臉部肌膚會有水水QQ的感覺，不只感覺水嫩，且舒適又不乾澀，很適合在秋天製作手工皂，好好保養一下自己的肌膚喔！

1

油·性·肌·膚·適·合·的

栗子布朗尼

甜甜的栗子，鬆鬆又軟軟。

搭配柔滑的鮮奶油，真是迷人的味道。

材料 底座

油脂總重350公克

可製作50公克底座10顆

精緻酪梨油	18公克
蓖麻油	18公克
椰子油	69公克
白油	35公克
榛果油	35公克
橄欖油	105公克
棕櫚油	70公克
氫氧化鈉	51公克
純水	123公克
喜愛的精油	

- 溶解過程會有發熱情形，為正常現象。
- 氫氧化鈉屬於強鹼，此步驟有危險性，請小心操作。

模型 點心矽膠模型

1 購於烘培用品店。
2 製作時置於木板上，方便入模之後移動。

花嘴 圓孔花嘴

作法 底座

1 依油脂配方將油脂倒入不鏽鋼鍋內，隔水加熱至45℃以下。

2 使用耐高溫的容器（至少耐熱90℃），將純水倒入耐熱容器中，再加入氫氧化鈉，攪拌至氫氧化鈉完全溶化，並且降溫至45℃以下。

3 將步驟2的鹼液倒入步驟1的油脂中，並不斷攪拌約40分鐘使兩者皂化反應，直到完全混合成美乃滋狀（即為皂液），即可進行下一個步驟。

- 請將鹼液以少量、分多次的方式倒入油脂中，細心攪拌。

4 在已充分攪拌的皂液中加入所喜愛的精油，攪拌均勻入模。

5 完全入模之後的手工皂請置入保麗龍箱中保溫，等待24小時，降溫後即可取出脫膜。

材料 奶油花

油脂總重150公克

橄欖油	75公克
椰子油	37公克
棕櫚油	37公克
蜜蠟	1公克
氫氧化鈉	22公克
純水	55公克
粉紅石泥粉	1公克
喜愛的精油	

📌 這是一個重要的步驟喔！請勿省略。

作法 奶油花

1 依油脂配方將油脂倒入不鏽鋼鍋內，隔水加熱至45℃以下。

2 使用耐高溫的容器（至少耐熱90℃），將純水倒入耐熱容器中，再加入氫氧化鈉，攪拌至氫氧化鈉完全溶化，並且降溫至45℃以下。

3 將步驟2的鹼液倒入步驟1的油脂中，並不斷攪拌約40分鐘使兩者皂化反應，直到完全混合成美乃滋狀（即為皂液），即可進行下一個步驟。

📌 請將鹼液以少量、分多次的方式倒入油脂中，細心攪拌。

4 在已充分攪拌的皂液中加入添加物及所喜愛的精油。

5 裝入奶油花袋中，先在手工皂中央擠出一個小山狀，當作底座。

6 換上細圓孔花嘴頭，先直線狀來回擠出線條。

7 換方向，再直線狀來回擠出線條。

8 中間點加上一個小裝飾即完成。

（為求清楚示範，以兩色皂液進行操作）

中·性·肌·膚·適·合·的

水果鬆餅盤

不只是看起來可口的鬆餅香皂，

帶著她跟你一同去旅行吧！

一天剝一片，旅行時沐浴真的很方便。

材料　底座

油脂總重350公克

可製作50公克底座共10顆

精製酪梨油	35公克
椰子油	70公克
白油	35公克
榛果油	35公克
橄欖油	105公克
棕櫚油	70公克
氫氧化鈉	51公克
純水	123公克
可可粉	5公克
粉紅石泥粉	1公克
喜愛的精油	

模型　鬆餅底座模型

1　購於手工皂矽膠模型專門店。
2　製作時置於木板，方便入模之後移動。

花嘴　圓齒花嘴

作法　底座

1　依油脂配方將油脂倒入不鏽鋼鍋內，隔水加熱至45℃以下。

2　使用耐高溫的容器（至少耐熱90℃），將純水倒入耐熱容器中，再加入氫氧化鈉，攪拌至氫氧化鈉完全溶化，並且降溫至45℃以下。

> ✎溶解過程會產生發熱情形，為正常現象。
> ✎氫氧化鈉屬於強鹼，此步驟有危險性，請小心操作。

3　將步驟2的鹼液倒入步驟1的油脂中，並不斷攪拌約40分鐘使兩者皂化反應，直到完全混合成美乃滋狀（即為皂液），即可進行下一個步驟。

> ✎請將鹼液以少量、分多次的方式倒入油脂中，細心攪拌。

4　在已充分攪拌的皂液中加入添加物及喜愛的精油，攪拌均勻入模。

5　完全入模之後的手工皂請置入保麗龍箱中保溫，等待24小時，降溫後即可取出脫膜。

材料 奶油花

油脂總重150公克

橄欖油	75公克
椰子油	37公克
棕櫚油	37公克
蜜蠟	1公克
氫氧化鈉	22公克
純水	55公克
喜愛的精油	

 作法 擠花

1 依油脂配方將油脂倒入不鏽鋼鍋內，隔水加熱至45℃以下。

2 使用耐高溫的容器（至少耐熱90℃），將純水倒入耐熱容器中，再加入氫氧化鈉，攪拌至氫氧化鈉完全溶化，並且降溫至45℃以下。

3 將步驟2的鹼液倒入步驟1的油脂中，並不斷攪拌約40分鐘使兩者皂化反應，直到完全混合成美乃滋狀（即為皂液），即可進行下一個步驟。

  ✎ 請將鹼液以少量、分多次的方式倒入油脂中，細心攪拌。

4 在已充分攪拌的皂液中加入所喜愛的精油。

5 裝入奶油花袋中，自由裝飾，搭配可愛的小手工皂配件就是可口又可愛的鬆餅囉！

3

乾·性·肌·膚·適·合·的

法國馬卡龍

走在巴黎的街頭，
不單單是香氛可以耍浪漫，
連甜蜜的馬卡龍也躍上舞台扮演起女主角。

材料 底座

油脂總重350公克

可製作50公克底座10組，
上下兩片為一組

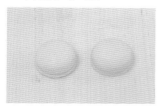

椰子油	70公克
榛果油	105公克
夏威夷堅果油	105公克
棕櫚油	70公克
氫氧化鈉	52公克
純水	129公克
喜愛的精油	

◢ 溶解過程會產生發熱
情形為正常現象。
◢ 氫氧化鈉屬於強鹼，
此步驟有危險性，請
小心操作。

模型 法國馬卡龍底座模型

1 購於手工皂矽膠模型
專門店。
2 製作時置於木板上，
方便入模之後移動。

花嘴 圓齒花嘴

作法 底座

1 依油脂配方將油脂倒入不鏽鋼鍋內，隔水加熱至
45℃以下。

2 使用耐高溫的容器（至少耐熱90℃），將純水倒
入耐熱容器中，再加入氫氧化鈉，攪拌至氫氧化
鈉完全溶化，並且降溫至45℃以下。

3 將步驟2的鹼液倒入步驟1的油脂中，並不斷攪拌
約40分鐘使兩者皂化反應，直到完全混合成美乃
滋狀（即為皂液），即可進行下一個步驟。

◢ 請將鹼液以少量、分多次的方式倒入油脂中，細心
攪拌。

4 在已充分攪拌的皂液中加入添加物及喜愛的精
油，攪拌均勻入模。

5 完全入模之後的手工皂請置入保麗龍箱中保溫，
等待24小時，降溫後即可取出脫膜。

材料 奶油花

油脂總重150公克

橄欖油	75公克
椰子油	37公克
棕櫚油	37公克
蜜蠟	1公克
氫氧化鈉	22公克
純水	55公克
喜愛的精油	

作法 擠花

1 依油脂配方將油脂倒入不鏽鋼鍋內，隔水加熱至45℃以下。

2 使用耐高溫的容器（至少耐熱90℃），將純水倒入耐熱容器中，再加入氫氧化鈉，攪拌至氫氧化鈉完全溶化，並且降溫至45℃以下。

3 將步驟2的鹼液倒入步驟1的油脂中，並不斷攪拌約40分鐘使兩者皂化反應，直到完全混合成美乃滋狀（即為皂液），即可進行下一個步驟。

> 🥄 請將鹼液以少量、分多次的方式倒入油脂中，細心攪拌。

4 在已充分攪拌的皂液中加入所喜愛的精油。

5 裝入奶油花袋中，在手工皂基座一邊擠上奶油花。

6 在基座另一邊點綴水果小手工皂（利用皂液當黏劑黏合）。

7 蓋上馬卡龍的另一半，即完成可愛的馬卡龍手工皂。

4

敏·感·肌·膚·適·合·的

焦糖蘋果

糖果鋪子裡充滿創意的甜蜜記憶，
連蘋果都要拿來與焦糖一起混搭，
調配出酸甜不膩口的好滋味！

材料 底座

花嘴 圓孔花嘴

油脂總重350公克

可製作50公克底座10顆

甜杏仁油	35公克
椰子油	52公克
榛果油	105公克
橄欖油	105公克
棕櫚油	53公克
氫氧化鈉	50公克
純水	120公克
喜愛的精油	

作法 底座

1 依油脂配方將油脂倒入不鏽鋼鍋內，隔水加熱至45℃以下。

2 使用耐高溫的容器（至少耐熱90℃），將純水倒入耐熱容器中，再加入氫氧化鈉，攪拌至氫氧化鈉完全溶化，並且降溫至45℃以下。

> ✔溶解過程會有發熱情形，為正常現象。
> ✔氫氧化鈉屬於強鹼，此步驟會有危險性，請小心操作。

3 將步驟2的鹼液倒入步驟1的油脂中，並不斷攪拌約40分鐘使兩者皂化反應，直到完全混合成美乃滋狀（即為皂液），即可進行下一個步驟。

> ✔請將鹼液以少量、分多次的方式倒入油脂中，細心攪拌。

4 在已充分攪拌的皂液中加入添加物及喜愛的精油，攪拌均勻。

5 將皂液倒入方形模子中，並置入保麗龍箱中保溫，等待24小時，降溫後即可取出脫膜。

6 脫模之後取出切成小塊（2×2公分左右，方便搓揉）搓揉成小蘋果的樣式。

7 在小蘋果手工皂上插小木棒。

材料 奶油花

油總重150公克

橄欖油	75公克
椰子油	37公克
棕櫚油	37公克
蜜蠟	1公克
氫氧化鈉	22公克
純水	55公克
喜愛的精油	

 作法 奶油花

1 依油脂配方將油脂倒入不鏽鋼鍋內，隔水加熱至45℃以下。

2 使用耐高溫的容器（至少耐熱90℃），將純水倒入耐熱容器中，再加入氫氧化鈉，攪拌至氫氧化鈉完全溶化，並且降溫至45℃以下。

3 將步驟2的鹼液倒入步驟1的油脂中，並不斷攪拌約40分鐘使兩者皂化反應，直到完全混合成美乃滋狀（即為皂液），即可進行下一個步驟。

🔑 請將鹼液以少量、分多次的方式倒入油脂中，細心攪拌。

4 在已充分攪拌的皂液中加入喜愛的精油。

5 等待皂液已經濃稠，用沾的方式來裝飾吧！

6 沾好皂液的蘋果手工皂放在烤盤架上。

7 使用小的花嘴來擠花，作一點
  小裝飾。

8 搭配小配件來裝飾，可以讓蘋
  果手工皂更可愛喔！

Winter
冬天的手工皂

春天的風是圓的，輕輕柔柔地滑過鼻尖。
冬天的風是尖的，溜進門縫徘徊在窗邊。
冷颼颼的空氣，乾巴巴的嘴唇……
這時候最需要滋潤特快車全速前進，保養、潤澤一次到位。

適合冬天使用的油品

乳油木果脂 *Shea Butter*

由非洲乳油木樹果實中的果仁所萃取提煉，常態下呈固體奶油質感。可用來維持肌膚的健康，具高度保護及滋潤的效果，據分析乳油木果脂含有豐富的維他命群，可以潤澤全身，包括乾燥和脫皮的肌膚以及增加髮絲光澤柔嫩，可提高保濕及調整皮脂分泌，具有修護、調理、柔軟和滋潤肌膚的效用。防曬作用佳，可保護，也可緩和治療受日曬後的肌膚。適用乾燥、敏感、經常日曬及需要溫和滋潤的肌膚，嬰兒也適用。是手工皂的高級素材，製作出來的皂質地溫和、保濕，且較硬，建議使用量占總油重的20%以下。

格子的分享

不僅在製作質地溫和、滋潤的手工皂時，格子會用到乳油木果脂。製作給孩子們的乳液，格子也選擇精製的乳油木果脂來製作。因為脂類的穩定性比起油品來得高，所以能達到很棒的效果，每年秋冬，格子一定親手製作一罐乳木香香乳液給兩個寶貝來使用。

可可脂 *Cocoa Butter*

可可脂係可可豆中之脂肪物質，通常將可可膏或整粒可可豆加熱壓榨而成。在常溫中可可脂為固體，略帶油質，色澤因可可成分高低，呈現黑黃白三色，氣味與可可相似，有令人愉快之香氣。添加於手工皂中可增加手工皂的硬度及耐洗度，對皮膚的覆蓋性良好，能使肌膚保濕且柔軟，是製作冬天保濕皂不可或缺，建議使用量占總油重的15%以下。

格子的分享

初學手工皂時，可能買到不好的可可脂，所以對該項材料留下不好的印象。有回使用了友人製作的一塊高比例可可脂的手工皂（約有40%），洗感細緻得令人驚訝。當然，這種奢華配方只能用來洗臉，呵！

1

油·性·肌·膚·適·合·的

巧克力圓舞曲

用可可當主角，
牛奶來伴奏，
以甜蜜當主軸，
用浪漫來點綴。

底座

油脂總重350公克

可製作10公克手工皂40顆

蓖麻油	18公克
棕櫚油	52公克
椰子油	52公克
橄欖油	140公克
米糠油	53公克
乳油木果脂	35公克
氫氧化鈉	49公克
水	119公克
喜愛的精油	

> ✎ 溶解過程會產生發熱
> 情形為正常現象。
>
> ✎ 氫氧化鈉屬於強鹼，
> 此步驟有危險性，請
> 小心操作。

> ✎ 請將鹼液以少量、分
> 多次的方式倒入油脂
> 中，細心攪拌。

模型 巧克力貝殼模型

1 購於烘焙用品店。
2 使用前請在底部封上
保鮮膜，並且綁上橡
皮筋。
3 製作時置於木板上，
方便入模之後移動。

花嘴 圓齒花嘴

作法 底座

1 依油脂配方將油脂倒入不鏽鋼鍋內，隔水加熱至
45℃以下。

2 使用耐高溫的容器（至少耐熱90℃），將純水倒
入耐熱容器中，再加入氫氧化鈉，攪拌至氫氧化
鈉完全溶化，並且降溫至45℃以下。

3 將步驟2的鹼液倒入步驟1的油脂中，並不斷攪拌
約40分鐘使兩者皂化反應，直到完全混合成美乃
滋狀（即為皂液），即可進行下一個步驟。

4 在已充分攪拌的皂液中加入所喜愛的精油，倒入
巧克力貝殼模型中。

5 剩餘的皂液倒入方形模型中，並且請置入保麗龍
箱中保溫，等待24小時，降溫後即可取出脫膜。

6 將方形模型中的手工皂取出切塊，平均2×2公分
切成一小塊。

7 有些方塊手工皂則用來搓成圓球狀。

材料 奶油花

油脂總重150公克

橄欖油	75公克	氫氧化鈉	22公克
椰子油	37公克	純水	55公克
棕櫚油	37公克	可可粉	2公克
蜜蠟	1公克	粉紅石泥粉	1公克

 作法 底座

◎小方塊手工皂

1 將切好的小方塊手工皂置於烤盤架上。

2 皂液打到較稀的稠度,淋在小方塊手工皂上。

3 點綴小手工皂球,送入保溫箱完成皂液的保溫工作。

◎草莓巧克力手工皂

1 將切好的圓形小手工皂置於烤盤架上。

2 將皂液裝入塑膠袋中,隨意擠上線條。

3 裝飾上小手工皂片點綴,送入保溫箱保溫。

◎貝殼巧克力手工皂

1 將皂液裝入塑膠擠花袋中，擠上一顆貝殼狀的奶油花。

2 蓋上貝殼巧克力手工皂的另一面，送入保溫箱保溫。

◎松露巧克力手工皂

1 使用篩子將可可粉過篩。

2 可可粉的量可能需要稍為多一點，才能覆蓋巧克力手工皂。

3 然後像滾湯圓般滾動，讓所有手工皂球都均勻覆蓋上巧克力粉吧！

2

中·性·肌·膚·適·合·的

中·性·肌·膚·適·合·的

杯子蛋糕

精緻的杯子蛋糕，好可愛！

PARTY有新選擇啦！

材料 底座

油脂總重500公克

可製作110公克底座5顆

蓖麻油	25公克
棕櫚油	75公克
椰子油	75公克
橄欖油	250公克
米糠油	25公克
乳油木果脂	50公克
氫氧化鈉	71公克
純水	170公克
喜愛的精油	

模型 烘焙紙杯底座模型

購於烘焙用品店。

 花嘴 圓齒花嘴

作法 底座

1 依油脂配方將油脂倒入不鏽鋼鍋內，隔水加熱至45℃以下。

2 使用耐高溫的容器（至少耐熱90℃），將純水倒入耐熱容器中，再加入氫氧化鈉，攪拌至氫氧化鈉完全溶化，並且降溫至45℃以下。

> ✔ 溶解過程會有發熱情形，為正常現象。
>
> ✔ 氫氧化鈉屬於強鹼，此步驟會有危險性，請小心操作。

3 將步驟2的鹼液倒入步驟1的油脂中，並不斷攪拌約40分鐘使兩者皂化反應，直到完全混合成美乃滋狀即為皂液，即可進行下一個步驟。

> ✔ 請將鹼液以少量、分多次的方式倒入油脂中，細心攪拌。

4 在已充分攪拌的皂液中加入所喜愛的精油，倒入烘焙紙杯模型，每個約8～9分滿，製作5個。

5 剩餘的皂液則等待變稠之後裝入塑膠擠花袋中，進行擠花。

6 完成一個小圓擠花之後，沿著小圓　　7 在小圓奶油花中間點綴一個重點擺
　邊擠出點狀的奶油花。　　　　　　　　設，完成可愛的杯子蛋糕手工皂。

3

乾·性·肌·膚·適·合·的

聖誕繽紛

叮叮噹！叮叮噹！

還記得童年時的期待，

聖誕樹下總擺滿聖誕老人的祝福禮物嗎？

把祝福放入蛋糕手工皂裡，

分送給每位值得祝福的朋友。

材料 底座

油脂總重500公克

可製作100公克底座6顆

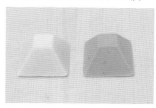

蓖麻油	25公克
棕櫚油	75公克
椰子油	75公克
橄欖油	250公克
乳油木果脂	75公克
氫氧化鈉	71公克
純水	170公克
喜愛的精油	

✎ 溶解過程會產生發熱情形為正常現象。

✎ 氫氧化鈉屬於強鹼，此步驟有危險性，請小心操作。

模型 不鏽鋼慕斯模型

1 購於烘焙用品店。
2 製作時置於木板上，方便入模之後移動。

花嘴 圓齒花嘴

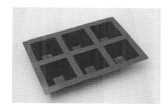

作法 底座

1 依油脂配方將油脂倒入不鏽鋼鍋內，隔水加熱至45℃以下。

2 使用耐高溫的容器（至少耐熱90℃），將純水倒入耐熱容器中，再加入氫氧化鈉，攪拌至氫氧化鈉完全溶化，並且降溫至45℃以下。

3 將步驟2的鹼液倒入步驟1的油脂中，並不斷攪拌約40分鐘使兩者皂化反應，直到完全混合成美乃滋狀即為皂液，即可進行下一個步驟。

✎ 請將鹼液以少量、分多次的方式倒入油脂中，細心攪拌。

4 在已充分攪拌的皂液中加入所喜愛的精油，攪拌均勻。

5 將完成的皂液入模型之後，送入保溫箱進行保溫動作，等待24小時，降溫後即可取出脫膜。

材料 奶油花

油脂總重150公克

橄欖油	75公克
椰子油	37公克
棕櫚油	37公克
蜜蠟	1公克
氫氧化鈉	22公克
純水	55公克
粉紅石泥粉	1公克
喜愛的精油	

作法 擠花

1 依油脂配方將油脂倒入不鏽鋼鍋內，隔水加熱至45℃以下。

2 使用耐高溫的容器（至少耐熱90℃），將純水倒入耐熱容器中，再加入氫氧化鈉，攪拌至氫氧化鈉完全溶化，並且降溫至45℃以下。

> ✐溶解過程會有發熱情形，為正常現象。
> ✐氫氧化鈉屬於強鹼，此步驟會有危險性，請小心操作。

3 將步驟2的鹼液倒入步驟1的油脂中，並不斷攪拌約40分鐘使兩者皂化反應，直到完全混合成美乃滋狀即為皂液，即可進行下一個步驟。

> ✐請將鹼液以少量、分多次的方式倒入油脂中，細心攪拌。

4 在已充分攪拌的皂液中加入所喜愛的精油和粉紅石泥粉，等待變稠之後裝入塑膠擠花袋中，擠花。

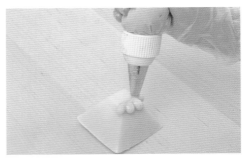

6 第一層擠花完成之後，再繞一圈小圓吧！

7 完成6顆手工皂的擠花工作，裝飾上草莓。

8 趁著奶油花手工皂沒有全硬之前，點綴幾顆小手工皂球即完成。

4

敏·感·肌·膚·適·合·的

餅乾集合

點點拿鐵碗加上餅乾手工皂，

濃郁的甜蜜可可搭配溫潤的牛乳。

這是一個溫馨又享受的冬季，

窩在沙發，抱條毛毯，一起宅下去吧！

材料 底座

油脂總重300公克

可製作25公克底共20片

棕櫚油	45公克
椰子油	45公克
橄欖油	180公克
乳油木果脂	30公克
氫氧化鈉	41公克
純水	100公克
喜愛的精油	

模型 餅乾矽膠模型

1 購於手工皂矽膠模型專賣店。

2 製作時置於木板上，方便入模之後移動。

花嘴 圓孔花嘴

作法 底座

1 依據油脂配方將油脂倒入不鏽鋼鍋內，隔水加熱至45℃以下。

2 使用耐高溫的容器（至少耐熱90℃），將純水倒入耐熱容器中，再加入氫氧化鈉，攪拌至氫氧化鈉完全溶化，並且降溫至45℃以下。

> ✎ 溶解過程會有發熱情形，為正常現象。
>
> ✎ 氫氧化鈉屬於強鹼，此步驟會有危險性，請小心操作。

3 將步驟2的鹼液倒入步驟1的油脂中，並不斷攪拌約40分鐘使兩者皂化反應，直到完全混合成美乃滋狀即為皂液，即可進行下一個步驟。

> ✎ 請將鹼液以少量、分多次的方式倒入油脂中，細心攪拌。

4 在已充分攪拌的皂液中加入所喜愛的精油與添加物，攪拌均勻。

5 將完成的皂液入模型之後，送入保溫箱進行保溫動作，等待24小時，降溫後即可取出脫膜。

奶油花

油脂總重150公克

橄欖油	75公克
椰子油	37公克
棕櫚油	37公克
蜜蠟	1公克
氫氧化鈉	22公克
純水	55公克
可可粉	2公克
粉紅石泥粉	1公克
喜愛的精油	

 擠花

1 依油脂配方將油脂倒入不鏽鋼鍋內，隔水加熱至45℃以下。

2 使用耐高溫的容器（至少耐熱90℃），將純水倒入耐熱容器中，再加入氫氧化鈉，攪拌至氫氧化鈉完全溶化，並且降溫至45℃以下。

> 溶解過程會有發熱情形，為正常現象。
> 氫氧化鈉屬於強鹼，此步驟會有危險性，請小心操作。

3 將步驟2的鹼液倒入步驟1的油脂中，並不斷攪拌約40分鐘使兩者皂化反應，直到完全混合成美乃滋狀即為皂液，即可進行下一個步驟。

> 請將鹼液以少量、分多次的方式倒入油脂中，細心攪拌。

4 在已充分攪拌的皂液中分別加入所喜愛的精油和添加物，攪拌均勻。

5 等待變稠之後裝入塑膠擠花袋中，隨意畫上線條，擠出可口的餅乾糖霜樣式即完成。

G's Life
居事 · 生活
Sweet · Natural · Simple
www.gslife.com.tw

「哇！大家玩什麼這麼開心？」不要懷疑這是香皂，也是黏土呦！

超實感的新奇體驗──香皂黏土──由格子老師親手研發，使用天然植物油、
精油為主要原料製作。調製而成Q彈、柔軟、好操作的香皂黏土。
兼俱黏土特性，也具手工香皂清潔、香氛特質，不只好玩，更是實用。
清潔、洗手、沐浴都適合。搭配教學活動，老師輕鬆好入門，簡單上手好開心。

我們提供材料包製作方式，不僅僅有作法，還有包裝材料。
提供給學生在課堂上最開心的學習方式，
也可以盡情的在左腦的開發中找到平衡。

更多居事 · 生活的好創意，請上：
http://www.pinkoi.com/store/gs-life

天然の超實感新石鹼

香皂黏土

Q彈・柔軟・易操作
天然・新奇・好有趣

可愛的小豬、可口的棒棒糖，都是透過小朋友動手做，就可以輕鬆完成的作品。
除了捏塑，還有色彩認知與學習。不同顏色混搭、調配出屬於自己成長的色彩。
適用年齡：3歲到99歲。〈連媽媽都會玩得很開心、小孩用得很放心的香皂！〉

香皂黏土DIY材料包・100克・200克・1000克

純植物油・天然精油
重複使用・安全放心